▶ 海南省自然科学基金高层次人才项目321RC651及三亚崖州湾科技城管理局2021年度科研项目配套资助项目

▶ 海南省重大科技计划项目（ZDKJ202002）资助

稻田蜻蜓

Rice field dragonfly

主 编：周 霞（中国热带农业科学院三亚研究院）

编 委：谢 翔（中国热带农业科学院）

谭燕华（中国热带农业科学院热带生物技术研究所）

郭运玲（中国热带农业科学院三亚研究院）

常丽丽（中国热带农业科学院三亚研究院）

孔 华（中国热带农业科学院三亚研究院）

黄启星（中国热带农业科学院三亚研究院）

曹 扬（中国热带农业科学院三亚研究院）

郭安平（中国热带农业科学院三亚研究院）

何佳春（中国水稻研究所）

李加慧（海南大学）

世界图书出版公司

广州·上海·西安·北京

图书在版编目（CIP）数据

稻田蜻蜓 / 周霞主编 . —广州：世界图书出版广东有限公司，2024.12. — ISBN 978-7-5232-1929-4

Ⅰ . Q969.22

中国国家版本馆 CIP 数据核字第 2024Y2E249 号

稻田蜻蜓

DAOTIAN QINGTING

主　　编	周　霞
策划编辑	朱　霞
责任编辑	梁少玲
装帧设计	书艺歆
出版发行	世界图书出版有限公司　世界图书出版广东有限公司
地　　址	广州市海珠区新港西路大江冲 25 号
邮　　编	510300
电　　话	（020）84452179
网　　址	http://www.gdst.com.cn/
邮　　箱	wpc_gdst@163.com
经　　销	新华书店
印　　刷	广州小明数码印刷有限公司
开　　本	787 mm × 1 092 mm　1/16
印　　张	5.25
字　　数	91 千字
版　　次	2024 年 12 月第 1 版　2024 年 12 月第 1 次印刷
国际书号	ISBN 978-7-5232-1929-4
定　　价	58.00 元

前　言

　　海南省地处亚热带和热带地区，是我国环境保护最好的地区之一。在优越的地理位置和气候条件下，海南包括蜻蜓在内的生物多样性在中国最为丰富，有文献记载的稻田常见蜻蜓种类也很多。耕作制度的改变和农药化肥的过量使用可能会改变当地环境，影响稻田包括蜻蜓在内的节肢动物群落。因此，明确稻田蜻蜓种类，对评价海南因为土地使用的改变（如南繁）对蜻蜓群落产生的影响非常重要。

　　稻田中不仅水面上水稻植株部分有节肢动物群落，水面下也有丰富的水生昆虫，蜻蜓的稚虫是其中的重要种类。水生昆虫在生态系统中有重要作用。因其水生，迁移能力弱，对环境质量要求高，所以水生昆虫也被用作评价环境质量及其变化的指标生物。

　　目前对稻田蜻蜓和水生昆虫群落的组成研究还不系统，本书在对海南稻田水生昆虫群落进行多年调查的基础上，结合国内温带和亚热带稻田调查结果完成，可以为稻田的节肢动物群落研究和环境指示种研究提供基础。

谨向为本书提供图片的人士致谢！

林义祥：《豆娘交尾呈心形》《灰蜻交配》《豆娘产卵》
《透顶单脉色蟌（雌）》《透顶单脉色蟌（雄）》
《黄腹洵蟌（雄）》《黄狭扇蟌未老熟雄虫》
《杯斑小蟌（雄）》《黄尾小蟌（雄）》
《碧伟蜓（雄）》《霸王叶春蜓（雄）》
《并纹小叶春蜓（雄）》《黄翅蜻未熟雄虫》
《红蜻（雄）》《网脉蜻未熟雄虫》
《赤斑曲沟脉蜻（雄）》《赤褐灰蜻（雄）》
《鼎异色灰蜻（雌）》《鼎异色灰蜻（雄）》
《晓褐蜻（雌）》《晓褐蜻（雄）》《庆褐蜻（雄）》
《杯斑小蟌稚虫》《鼎异色灰蜻稚虫》

高　凡：《翠胸黄蟌稚虫》《红蜻稚虫》《白尾灰蜻稚虫》
《褐负子蝽》（2 张）

陆　锋：《斑伟蜓（雄）》《斑伟蜓稚虫》
《闪蓝丽大伪蜻稚虫》

目 录 ▶

蜻蜓目 Odonata

蜻蜓和豆娘（蟌）的区别 / 2

蜻蜓的取食 / 3

蜻蜓的体色 / 3

蜻蜓的体温调节 / 4

蜻蜓的交尾 / 4

蜻蜓的产卵 / 5

蜻蜓稚虫的羽化 / 6

蜻蜓的天敌 / 6

蜻蜓的迁徙 / 7

蜻蜓的药用价值和食用价值 / 7

蜻蜓的生态价值 / 7

蜻蜓的的保护 / 8

稻田种植环境对蜻蜓的影响 / 8

束翅亚目 Suborder Zygoptera

色蟌科 Family Calopterygidae / 10

透顶单脉色蟌 *Matrona basilaris* Selys, 1853 / 11

泃蟌科 Family Megalestes / 12

黄腹泃蟌 *Megalestes maai* Chen, 1947 / 13

扇蟌科 Family Platycnemididae / 14

黄狭扇蟌 *Copera marginipes* (Rambur, 1842) / 15

蟌科 Family Coenagrionidae / 16

　杯斑小蟌 *Agriocnemis femina* Lieftinck, 1962 / 17

　黄尾小蟌 *Agriocnemis pygmaea* (Rambur, 1842) / 18

　翠胸黄蟌 *Ceriagrion auranticum ryukyuanum* Asahina, 1967 / 19

　褐尾黄蟌 *Ceriagrion rubiae* Laidlaw, 1916 / 20

　褐斑异痣蟌 *Ischnura senegalensis* (Rambur, 1842) / 21

　长叶异痣蟌 *Ischnura elegans* (Vander Linden, 1820) / 22

　毛面同痣蟌 *Onychargia atrocyana* (Selys, 1865) / 23

差翅亚目 Suborder Anisoptera

蜓科 Family Aeshnidae / 25

　斑伟蜓 *Anax guttatus* (Burmeister, 1839) / 26

　碧伟蜓东亚亚种 *Anax parthenope julius* Brauer, 1865 / 27

春蜓科 Family Gomphidae / 28

　霸王叶春蜓 *Ictinogomphus pertinax* Hagen, 1854 / 29

　并纹小叶春蜓 *Gomphidia kruegeri* Martin, 1904 / 30

大伪蜻科 Family Macromiidae / 31

　闪蓝丽大伪蜻 *Epophthalmia elegans* (Brauer, 1865) / 32

蜻科 Family Libellulidae / 33

　纹蓝小蜻 *Diplacodes trivialis* (Rambur, 1842) / 34

　锥腹蜻 *Acisoma panorpoides* Rambur, 1842 / 35

　黄翅蜻 *Brachythemis contaminata* (Fabricius, 1793) / 36

　红蜻指名亚种 *Crocothemis servilia servilia* (Drury, 1773) / 37

竖眉赤蜻多纹亚种 *Sympetrum eroticum ardens* (McLachlan, 1894)

/ 38

截斑脉蜻 *Neurothemis tullia* (Drury, 1773) / 39

网脉蜻 *Neurothemis fulvia* (Drury, 1773) / 40

赤斑曲钩脉蜻 *Urothemis signata* (Rambur, 1842) / 41

蓝额疏脉蜻 *Brachydiplax chalybea flavovittata* Ris, 1911 / 42

华丽灰蜻 *Orthetrum chrysis* (Sely, 1891) / 43

赤褐灰蜻中印亚种 *Orthetrum pruinosum neglectum* (Rambur, 1842)

/ 44

狭腹灰蜻 *Orthetrum sabina* (Drury, 1773) / 45

白尾灰蜻 *Orthetrum albistylum* Selys, 1848 / 46

鼎异色灰蜻 *Orthetrum triangulare* (Selys, 1878) / 47

黄蜻 *Pantala flavescens* (Fabricius, 1798) / 48

湿地狭翅蜻 *Potamarcha congener* (Rambur, 1842) / 49

斑丽翅蜻多斑亚种 *Rhyothemis variegata arria* (Drury, 1773) / 50

云斑蜻 *Tholymis tillarga* (Fabricius, 1798) / 51

华斜痣蜻 *Tramea virginia* (Rambur, 1842) / 52

玉带蜻 *Pseudothemis zonata* (Burmeister, 1839) / 53

晓褐蜻 *Trithemis aurora* (Burmeister, 1839) / 54

庆褐蜻 *Trithemis festiva* (Rambur, 1842) / 55

Ⅲ

目录 MULU

附：稻田水生天敌昆虫

蜻蜓目稚虫 Odonata

杯斑小螅稚虫 *Agriocnemis femina* Lieftinck, 1962　　/ 57

黄尾小螅稚虫 *Agriocnemis pygmaea* (Rambur, 1842)　　/ 58

翠胸黄螅稚虫 *Ceriagrion auranticum ryukyuanum* Asahina, 1967

　　/ 58

褐斑异痣螅稚虫 *Ischnura senegalensis* (Rambur, 1842)　　/ 59

斑伟蜓稚虫 *Anax guttatus* (Burmeister, 1839)　　/ 59

霸王叶春蜓稚虫 *Ictinogomphus pertinax* Hagen, 1854　　/ 60

闪蓝丽大伪蜻稚虫 *Epophthalmia elegans* (Brauer,1865)　　/ 61

红蜻指名亚种稚虫 *Crocothemis servilia servilla* (Drury, 1770)　/ 61

白尾灰蜻稚虫 *Orthetrum albistylum* Selys, 1848　　/ 62

鼎异色灰蜻稚虫 *Orthetrum triangulare* (Selys, 1878)　　/ 63

黄蜻稚虫 *Pantala flavescens* (Fabricius, 1798)　　/ 64

半翅目 Hemiptera

仰蝽科 Family Notonectidae　　/ 66

普小仰蝽 *Anisops ogasawarensis* Matsumura, 1915　　/ 66

水黾科 Family Gerridae　　/ 67

暗条泽背黾蝽 *Limnogonus fossarum* (Fabricius, 1775)　　/ 67

负子蝽科 Family Belostomatidae　　/ 68

褐负子蝽 *Diplonychus rusticus* (Fabricius, 1781)　　/ 68

鞘翅目 Coleoptera

龙虱科 Family Dytiscidae / 70

三刻真龙虱 *Cybister tripunctaus* (Olivier, 1795) / 70

黑绿真龙虱 *Cybister sugillatus* Erichson / 71

灰色龙虱 *Eretes sticticus* (Fabricius, 1781) / 71

牙甲科 Family Hydrophilidae / 72

红脊胸牙甲 *Sternolophus rufipes* (Fabricius, 1792) / 73

尖突巨牙甲 *Hydrophilus acuminatus* Motschulsky, 1854 / 73

参考文献 / 74

蜻蜓目
Odonata

　　蜻蜓目主要分为束翅亚目（俗称豆娘或螅）和差翅亚目（狭义上的蜻蜓）两个亚目。

　　蜻蜓目昆虫的一生分为卵、稚虫期和成虫期三个时期。稚虫期幼虫几乎都是在水中度过的。蜻蜓稚虫羽化后成为成虫。

蜻蜓和豆娘（螅）的区别

1. 豆娘的前翅和后翅形态相似，而蜻蜓的后翅较前翅在基部更为宽阔；大多数豆娘种类的翅基部呈柄状，而蜻蜓的翅基部宽阔。

☐ 豆娘的翅

☐ 蜻蜓的翅

2. 除少数种类，豆娘休息时会将翅合拢竖直于腹部上方，而蜻蜓休息时会将翅展开或向前方和后方推进。

3. 豆娘的两个复眼相隔很远，而蜻蜓的两个复眼则不同程度相连或仅以狭缝分隔。

☐ 豆娘的眼

☐ 蜻蜓的复眼

4. 豆娘的雄虫腹部末端有一对上附属器和一对下附属器，而蜻蜓的雄虫腹部有两个上附属器，仅有一个下附属器。

5. 同样体长的蜻蜓会比豆娘粗壮许多。

☐ 黄尾小螅

☐ 褐斑异痣螅的蜕

☐ 蜻蜓的蜕

☐ 蜻蜓

蜻蜓的取食

蜻蜓早龄稚虫取食小甲壳类动物和原生动物等水生动物；后期稚虫食摇蚊幼虫、孑孓、水生甲虫和水蝇等，甚至小鱼。蜻蜓稚虫存在同类捕食现象，体型大的蜻蜓稚虫可能捕食体型小的同类或异类蜻蜓稚虫。

蜻蜓成虫根据不同的体型，除可以捕食蚊、蝇外，有的还能捕食蝶、蛾、蜂等害虫，甚至红火蚁的婚飞成虫等。蜻蜓成虫也存在同类捕食现象，体型大的蜻蜓成虫可能捕食体型小的蜻蜓成虫。

☐ 螅取食同类

☐ 褐斑异痣螅取食

蜻蜓的体色

有些蜻蜓品种是雌雄异色的，如褐斑异痣螅；有些品种雌雄体色相似，如狭腹灰蜻。

☐ 褐斑异痣螅（雌）

☐ 褐斑异痣螅（雄）

蜻蜓的体温调节

在温度较高的夏天中午，蜻蜓停栖时，会把腹部竖直朝向空中，呈现倒立姿态。这是为了减少腹部的受热面积，防止体温过高使腹部受伤。

在晚秋清凉季节，蜻蜓又会调整身体，使整个身体对准太阳，以接受更多的光和热。

☐ 蜻蜓腹部指向空中

 ## 蜻蜓的交尾

两只蜻蜓头尾相连，会形成一个环形结构，这是一雄一雌两只成年蜻蜓在进行交尾。豆娘和蜻蜓的交配产卵方式相似，雌雄豆娘的环状连接看起来更像一个"心"形。

☐ 豆娘准备交配

☐ 豆娘交尾成心形

☐ 灰蜻交配

蜻蜓的产卵

　　豆娘、蜻蜓的雌虫在与雄虫交尾结束后，都会在水中或水附近选择合适的地点产卵。豆娘和蜻蜓的产卵方式有所不同，如雌蜻蜓有产卵器产卵和无产卵器产卵两种方式。

□ 豆娘产卵

　　所有雌性豆娘和一些蜻蜓种类（如蜓科和古蜓科）腹部末端都有产卵器。它们可以将卵直接插入植物或其他物体中，每次排一粒卵。许多豆娘会潜到水中产卵，其间将身体的部分或全部浸没在水中，产卵时间可以长达数小时。还有一些豆娘则将卵产在水面以上的植物上。大多数蜻蜓都没有产卵器，它们通常在飞行中将由几十粒至数百粒卵组成的卵块直接点入水中或黏附于水面的木棍及石块上。

　　雌蜻蜓单独一边飞行一边点水产卵。有时也可以看见雄蜻蜓的尾尖抓着雌蜻蜓的头部后侧"连接"在一起进行点水产卵。在雌蜻蜓单独点水产卵时，雄蜻蜓会在附近飞行保护雌蜻蜓，以防其他雄蜻蜓干扰该雌蜻蜓产卵。

□ 玉带蜻雄虫保护雌虫产卵

蜻蜓稚虫的羽化

蜻蜓从卵孵化成稚虫，稚虫又名水虿。稚虫生活在水中，栖息在河流、湖泊、池塘、湿地等地。稚虫经过多次蜕皮，成长到终龄稚虫，它会在羽化前几个小时爬出水面附近的地方，如植物茎叶、石块、围墙、桥墩等物体都可供其稳定攀爬以进行羽化。

为了安全，稚虫会选择在半夜羽化，先从背部裂开一条口子，头胸开始挤出，慢慢地，头胸部出来了。这时，它们的身体和翅膀都还很柔软，需要几个小时才能硬化并伸展开来，并蜕变成完全成熟的颜色。待其翅膀变干变硬，即成为可展翅高飞的蜻蜓了。

□ 刚羽化的霸王叶春蜓

□ 刚羽化的霸王叶春蜓身体还未硬化

蜻蜓的天敌

蜻蜓成虫的天敌有鸟类、大刀螳螂、金环胡蜂、蜘蛛、成年蛙类等；稚虫的天敌有各种鱼类、青蛙及禽类，蜘蛛、龙虱、蝎蝽等也会对它们构成威胁。不论成虫还是稚虫，不同种类的蜻蜓都可以体型大的捕食体型小的，同种蜻蜓间也有互相捕食的现象。

□ 蜘蛛捕食蜻蜓

蜻蜓的迁徙

一些蜻蜓种类具有迁徙的习性，它们会随着季节的变化进行长途迁徙，以寻找更适宜的生存环境，从而繁衍后代。这种迁徙行为通常发生在气候变化或食物资源匮乏的情况下。

在迁徙过程中，蜻蜓会穿越山川河流。它们会滑翔很长时间，以便最大程度节省体能。一座小岛上一个小水坑都能成为蜻蜓的繁殖场所，新一代蜻蜓诞生后又将踏上迁徙之路。

蜻蜓的迁徙习性对维持不同地区蜻蜓种群的多样性和稳定性具有重要意义。通过迁徙，蜻蜓能够适应不同的环境条件，确保种群的生存和繁衍。

 蜻蜓的药用价值和食用价值

传统医学认为，蜻蜓具有益肾壮阳、强阴益精等功效，可用于治疗阳痿、遗精及肾虚等疾病。蜻蜓的全体可以作为药材使用，具有清热解毒、祛瘀生肌等作用。

在一些亚洲国家，蜻蜓的稚虫和成虫被当作美食，特别是在中国西南地区，有食用蜻蜓的习俗。蜻蜓的稚虫是主要的食用虫态。

 蜻蜓的生态价值

防治害虫：蜻蜓是一种肉食性昆虫，主要以苍蝇、蚊子、蠓等害虫为食，对农业、林业和畜牧业都有积极的影响，有助于减少这些害虫对作物的危害。

环境监测：蜻蜓对自然环境和生态系统的健康有着重要的监测作用。它们的繁殖需要特定的水质和环境条件，因此，蜻蜓的数量和分布情况可以反映出水体和环境的健康状况。科学家通过研究蜻蜓的数量和分布，可以更好地了解生态系统的健康状况，从而采取相应的保护措施。

观赏价值：蜻蜓身体修长，色彩艳丽，体态优雅，飞行灵活敏捷，是人们喜爱的观赏昆虫之一。

蜻蜓的保护

蜻蜓的保护工作很重要，因为蜻蜓在控制害虫、维持生态平衡和促进自然环境健康方面发挥着不可替代的作用。蜻蜓是自然界中的重要天敌昆虫，比如它们每年消耗大量蚊子，有效控制了蚊子的数量，从而减少了蚊子传播疾病的风险。蜻蜓还对其他害虫有控制作用。联纹小叶春蜓、大团扇春蜓、小团扇春蜓和网脉蜻是列入《世界自然保护联盟濒危物种红色名录》的蜻蜓。

造成蜻蜓种群减少的原因往往是土地利用的变化、环境污染或农业及各种其他人类活动增加。在欧洲，由于人类改变土地使用方式使数种蜻蜓种群数量受到威胁，促使多国政府制定了保护蜻蜓的措施。

为了保护蜻蜓，需要采取一系列措施。首先，保护和恢复蜻蜓的栖息地。其次，减少污染，避免使用有害的农业化学用品。此外，还要提高公众对蜻蜓保护的意识。这样我们可以有效地保护蜻蜓，维护生态平衡。

稻田种植环境对蜻蜓的影响

蜻蜓生活在不同的湿地和水环境中，如湖泊、池塘、沼泽、河流和溪流等；并越来越多地被用作环境质量综合评价及污染程度评价的生物指标。目前已有很多有关蜻蜓在温带和热带地区不同湿地发生情况的研究。人类活动导致蜻蜓种群减少是主要研究内容之一。

稻田属人造湿地，蜻蜓成虫在稻田捕食水面上部的多种节肢动物，大蜻蜓也会取食小蜻蜓。蜻蜓稚虫水生，取食稻田水体中的多种节肢动物。蜻蜓是稻田稳定存在的重要天敌昆虫。由于蜻蜓体型大，捕食种类多，食量也很大，可以在生物防治中起到重要作用。稻田环境变化和污染会影响蜻蜓成虫的数量和种类，所以对稻田蜻蜓群落的监测研究工作有待长期进行。

束翅亚目
Suborder Zygoptera

色蟌科
Family Calopterygidae

　　本科种类体大型，常具很浓的色彩和绿的金属光泽。翅宽，有黑色、金黄色或深褐色等；翅脉很密；翅痣常不发达或缺失；方室长，呈方形，通常有很多横脉。足长，具长刺。

　　稚虫下唇纵裂甚深；尾鳃囊状，其横切片或呈三角形。

　　雌雄成虫交配后，雌虫将卵产到水边的植物丛中，或产于沉入水中的树干的缝隙或石头上。稚虫生活在中低海拔的山溪中，其触角第 1 节特别长，比其他各节之和尤长。

　　这个科拥有世界上最美丽的蟌。本科昆虫在中国有 20 余种。

□ 透顶单脉色蟌（雌）

透顶单脉色蟌

***Matrona basilaris* Selys, 1853**

分布：浙江、福建、广西、重庆、贵州、云南、湖南和海南等地。

□ 透顶单脉色蟌（雌）

□ 透顶单脉色蟌（雄）

长度（毫米）

雄后翅：36~40

雄腹＋肛附器：52~57

雌后翅：30~41

雌腹＋肛腹器：47~49

鉴别特征

个体不同，头部色泽有差异。雄虫下唇中叶黑色，侧叶褐色，上唇黑色，后唇基蓝色且有光泽；额及头顶深绿色。胸部前胸暗绿色；合胸深绿色，有光泽，具黑色条纹。翅黑色或褐色，无翅痣，基室有横脉。腹部背面绿色或深绿色，腹面黑色或褐色。肛附器黑色，上肛附器长度约为第10腹节的2倍。足深褐色。

习性

◆ 栖息于池塘、湖泊、湿地和水稻田。

◆ 可捕食多种水稻害虫，包括飞虱、叶蝉、二化螟和稻纵卷叶螟等。

淘螅科
Family Megalestes

本科是一类中等大小的螅，主要分布在中、高海拔溪谷流域，常见于瀑布和溪沟等环境中。

稚虫有的生活在静水水域，有的生活在流动水域；成虫多在水旁植物间活动；雌雄交配后雌虫在水域产卵。主要捕食植物上的小昆虫为生。

□ 黄腹淘螅（雄）

黄腹洵螅
Megalestes maai
Chen, 1947

分布：华中、华东地区。

□ 黄腹洵螅（雄）

长度（毫米）

身体：65~75
腹：47~50

鉴别特征

复眼绿色。合胸前视绿色，侧缘具黄褐或铜紫色金属光泽，合胸侧视具黄黑相间的条纹。雄虫腹部黑色细长，末节具白色内弯的攫握器；雌虫近似雄虫，但腹部较粗短，腹面乳白色，末端无攫握器。

习性

◆ 栖息于池塘、湿地和流速缓慢河流的边缘。
◆ 可捕食多种水稻害虫，包括飞虱、叶蝉、二化螟和稻纵卷叶螟等。

扇螅科
Family Platycnemididae

本科是一类小型至中等大小的螅。翅具 2 条原始结前横脉。足具浓密且长的刚毛；盘室前边比后边短 $\frac{1}{5}$，外角钝。雄性的足及后足胫节扩大，呈树叶薄片状。雄性上肛附器通常比下肛附器短。

稚虫有的生活在静水水域，有的生活在流动水域；成虫多在水旁低矮植物间活动；常见雌雄联成配对而雌虫在水域产卵。主要捕食植物上的小昆虫为生。

扇螅科的昆虫在中国已知仅有十几种。

黄狭扇螅未老熟雄虫

黄狭扇螅
Copera marginipes
（Rambur, 1942）

分布：广东、浙江、海南
和台湾等地。

□ 黄狭扇螅未老熟雄虫

长度（毫米）

雄后翅：17~18

雄腹＋肛附器：31~32

雌后翅：20

雌腹＋肛附器：29~30

鉴别特征

体型中等大小。雄虫复眼褐色，复眼中间具有淡黄色的横条纹，眼后方具有淡黄色斑，口器黄色。胸部黑色，具有鲜黄色肩前条，侧面具有宽阔的黄色条纹。腹部前8节蓝黑色，末端（含肛附器）白色。足鲜黄色，胫节膨胀并具有长毛。雌虫与雄虫相似，但体色较雄虫鲜艳。未熟雄虫胸部具有淡黄色条纹，整个腹部白色。

习性

◆ 栖息于池塘、湖泊和溪流。雄虫和雌虫通常以水平姿势栖息在树林低层植物的树叶上。

◆ 可捕食多种水稻害虫，包括飞虱、叶蝉、二化螟和稻纵卷叶螟等。

蟌科
Family Coenagrionidae

　　本科种类通常体型较小，细长，体色多样化，有红色、黄色、青色等，多数没有金属光泽或仅局部有金属光泽。它们的翅膀有柄，具有 2 条原始结前横脉，翅痣形状多变，多数为菱形；方室四边形，其前边短于后边，翅端无插脉。

　　稚虫具有长刺和深的下唇纵裂；尾鳃囊状，其横切片或呈三角形。

　　蟌科昆虫的生活习性多样，触角第 1 节特别长。雌雄成虫交配后将卵产到水边的植物丛中，或沉入水中的树干的缝隙或石头上。

　　本科是蜻蜓目中最大的一科，全世界已知种在 1 000 种以上，中国已知约 50 种。

褐尾黄蟌（雄）

杯斑小蟌

Agriocnemis femina Lieftinck, 1962

分布： 云南、广东、香港、台湾等地，生活在水田、沼泽等静水环境内。

☐ 杯斑小蟌（雄）

☐ 杯斑小蟌未熟雌虫

长度（毫米）

雄后翅：10.5~11

雄腹＋肛附器：16~17

雌后翅：10.5~11

雌腹＋肛附器：16.5~18.5

鉴别特征

体小型。雄虫头部黑色，复眼后部具有蓝色斑点；胸部和腹部背面黑色，侧面淡蓝绿色。较年轻的雄虫腹部末端橙红色，年长后则消失。成熟的雄虫胸部和面部覆盖浓厚的白色粉霜。翅短小。足白色。年轻的雌虫主要为红色，胸部背面和腹部末端黑色；年老后为橄榄色。前胸具有正方形片状突出。

习性

◆ 栖息于池塘、沟渠和湿地。雄虫和雌虫以水平姿势栖息于低处的草丛和植物上。没有领地行为。

◆ 可捕食多种水稻害虫，包括飞虱、叶蝉、二化螟和稻纵卷叶螟等。

黄尾小螅

Agriocnemis pygmaea （Rambur, 1842）

分布：广东、香港、福建、台湾等地。

□ 黄尾小螅（雄）

□ 黄尾小螅（雌）

长度（毫米）

雄后翅：9.5~11

雄腹 + 肛附器：16~17.5

雌后翅：11~12

雌腹 + 肛附器：18

鉴别特征

体小型。成虫雄虫头部黑色，复眼后具有淡绿色斑点。胸部和腹部背面黑色，侧面淡绿色，肩前条淡绿色。腹部末端橙红色。翅很短。足灰色。雌虫主要为橄榄色，胸部和腹部背面黑色。

习性

◆ 栖息于沟渠和湿地。雄虫和雌虫以近似水平姿势栖息于草丛和其他植物的茎秆低处。没有领地行为。

◆ 可捕食多种水稻害虫，包括飞虱、叶蝉、二化螟和稻纵卷叶螟等。

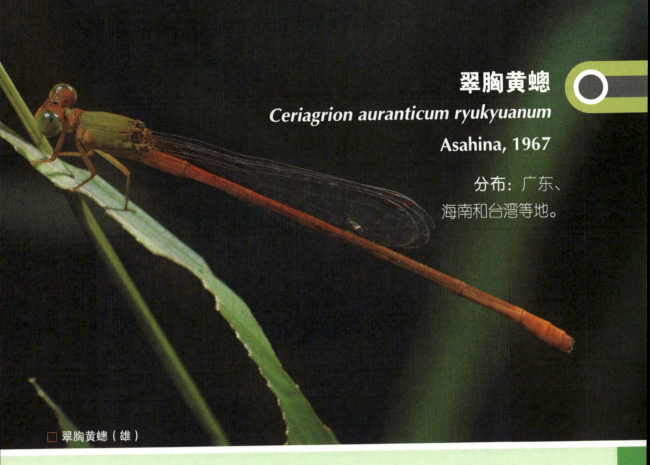

翠胸黄螅

Ceriagrion auranticum ryukyuanum

Asahina, 1967

分布：广东、海南和台湾等地。

翠胸黄螅（雄）

长度（毫米）

雄后翅：17~22

雄腹 + 肛附器：28~34

雌后翅：19~23

雌腹 + 肛附器：29~35

鉴别特征

体型较大。雄虫复眼和胸部苹果绿色，面部和腹部橙色。胸部和腹部无斑纹。足淡绿橙色。雌虫与雄虫体色相似，但腹部褐色，末端具黑斑。

习性

◆ 栖息于池塘、沟渠和湿地，还会在低地森林中的水潭和流速较慢的小溪出现。雄虫和雌虫以接近水平姿势栖息于灌木、禾本科植物的中上部。本种是凶猛的捕食者，经常捕食与其个体等大的猎物，甚至其同类配偶。

◆ 可捕食多种水稻害虫，包括飞虱、叶蝉、二化螟和稻纵卷叶螟等。

褐尾黄螅

Ceriagrion rubiae Laidlaw，1916

分布：广东、浙江等地。

☐ 褐尾黄螅（雄）

长度（毫米）

雄腹：27~29

雄后翅：17~19

鉴别特征

头部下唇淡黄色，上唇、唇基、额的前部红褐色，上额基部、颊橘黄色，额的后部、头顶及后头红褐色，但后头后部色淡，触角红褐色。胸部前胸和合胸橘红色。腹部朱红色，肛附器色较淡，尖端黑色，向上弯曲。翅透明，翅痣黄色。足黄色，股节及胫节上的刺为黑褐色。

习性

◆ 栖息于池塘、湿地和流速缓慢河流的边缘。

◆ 可捕食多种水稻害虫，包括飞虱、叶蝉、二化螟和稻纵卷叶螟等。

褐斑异痣蟌

Ischnura senegalensis (Rambur, 1842)

分布：广东、福建、湖北、湖南、重庆、云南、海南和台湾等地。

□ 褐斑异痣蟌（雌）

□ 褐斑异痣蟌（雄）

长度（毫米）

雄后翅：13~16.5

雄腹＋肛附器：21~25

雌后翅：14~18

雌腹＋肛附器：20~25

鉴别特征

体型中等。雄虫复眼绿色，复眼后方具有蓝色斑点。胸部背面黑色，肩前条和侧面为蓝色或绿色。腹部前7节背面亮黑色，第8节及第9节侧面和腹面蓝色，第10节黑色。雌虫两型，其中同色型与雄虫相似。异色型少见，胸部和腹部基部橙色，腹部末端没有蓝色区域。

□ 褐斑异痣蟌交配

习性

◆ 栖息于池塘、湿地和流速缓慢河流的边缘。雄虫和雌虫以水平姿势栖息于水面附近和低处的禾本科植物上，有时会在鱼塘大量出现。没有领地行为。

◆ 可捕食多种水稻害虫，包括飞虱、叶蝉、二化螟和稻纵卷叶螟等。

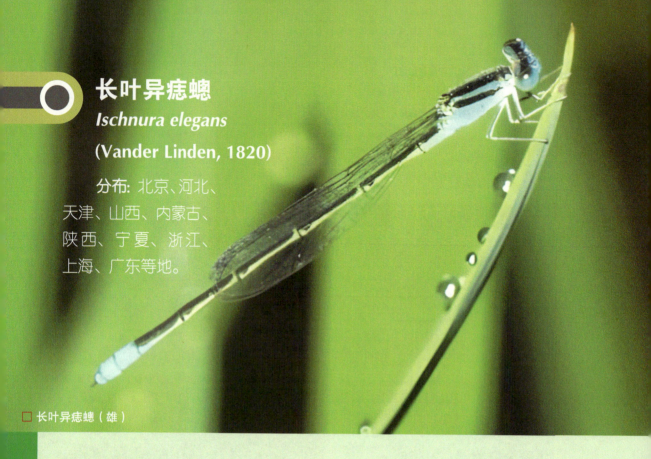

长叶异痣蟌

Ischnura elegans

(Vander Linden, 1820)

分布: 北京、河北、
天津、山西、内蒙古、
陕西、宁夏、浙江、
上海、广东等地。

□ 长叶异痣蟌（雄）

长度（毫米）

成虫腹：22 ~ 25
后翅：18 ~ 22

鉴别特征

　　体小至中型。雄虫下唇白色，额黑色，头顶黑色。复眼上部分为黑色，下部分为天蓝色，单眼后色斑青蓝色，圆形。前胸黑色，合胸背面前方黑色，并具 1 对蓝色条纹，合胸侧面天蓝色，无明显斑纹。腹部第 2 腹节具强烈的金属光泽，第 3~7 腹节背面为古铜色，第 7 和第 9 腹节下方为蓝色，第 8 腹节整体为蓝色。翅透明，前翅翅痣两色，由黑色和蓝色共同构成，后翅翅痣灰白色。足两色，由黑色和淡蓝色构成。雌虫体色与雄虫相差较大，全身以淡绿色为主，腹端没有斑点。刚羽化的个体全身橙红色，随着成熟度的提高，渐渐由橙红色变为淡绿色。

习性

◆ 栖息于挺水植物生长茂盛的池塘、湖泊、水渠附近。

◆ 可捕食多种水稻害虫，包括飞虱、叶蝉、二化螟和稻纵卷叶螟等。

毛面同痣螅
Onychargia atrocyana (Selys, 1865)

分布: 海南和台湾等地。

本种是海南常见种。

□ 毛面同痣螅（雄）

长度（毫米）

雄后翅：17~18

雄腹＋肛附器：23~25

雌后翅：18

雌腹＋肛附器：23

鉴别特征

体型中等。胸部粗壮，腹部相对较短。老熟雄虫头部、胸部和腹部暗蓝黑色。未熟雄虫胸部的侧面和背面具有宽阔的蓝黄色条纹。颜色随着成熟而逐渐加深。雌虫胸部黑色，肩前条和胸部侧下方为蓝黄色。

本种的雌虫和年轻的雄虫与褐斑异痣螅相似，它们在同样的生境栖息，体型相近，但是褐斑异痣螅腹部更粗，体色以蓝绿色为主。

习性

◆ 栖息于湿地、池塘的边缘和流速慢的大型河流。雄虫和雌虫以水平姿势栖息于水边的灌木和禾本科草丛中，通常在植物高度超过1米处。

◆ 可捕食多种水稻害虫，包括飞虱、叶蝉、二化螟和稻纵卷叶螟等。

差翅亚目
Suborder Anisoptera

蜓科
Family Aeshnidae

　　本科种类成虫体型多为大型或中型，为较粗壮的种类。一般有鲜明的色彩，有绿、蓝、褐、黄等颜色的花纹。两复眼在头的上面有较长的一段接触，使头成为 1 个半圆球形；下唇中叶稍凹裂。翅透明，前后翅的三角室形状相似，具 2 条粗的结前横脉，在翅痣内端下方具支持脉，M2 脉成波状弯曲，具径增脉，臀圈明显，其长宽相等。雌性具发达完全的产卵器。

　　本科昆虫的稚虫生活在水草间。体长型，光滑而干净，具细长的足。下唇扁平，中叶端部有凹裂。稚虫能攀缘，老熟的稚虫爬出水面，攀附于草木或其他物体上，蜕皮羽化为成虫。

　　本科种类飞行很快。有的种类单眼很大，多在黄昏飞出，捕吃蚊子；有的种类趋光性颇强。雌虫在死或活的植物上切割缝隙，把少量卵产于其中。

　　本科昆虫呈世界性分布，多见于静水和沼泽地，以及道路和灌木篱笆沿线。本科在中国有 30 余种。

□ 碧伟蜓（雄）

斑伟蜓

Anax guttatus (Burmeister, 1839)

分布：东亚、南亚、东南亚、澳新界和大洋洲；在中国分布于华中、华南和西南地区，辽宁和山东也有零星分布。

□ 斑伟蜓（雄）

长度（毫米）

雄后翅：50~54　　雄腹＋肛附器：56~62

雌后翅：52　　雌腹＋肛附器：55

鉴别特征

复眼绿色，面部黄色，额无显著的"T"形斑；双眼之间有 1 个黑色斑纹。胸部绿色。腹部黑色，具黄白色斑点，腹部背面中央位置有 2 条淡色纵纹，各腹节与各纵纹中有 1 个淡红色圆点。雄性腹部第 2 节主要为蓝色；雌性此节色彩变异较大，蓝色、深绿色或黄绿色。翅透明，雄性后翅亚基部具琥珀色斑；翅芽直生，伸展至第 4 腹节腹部。足黑色，基方红褐色。

习性

◆ 成虫栖息于海拔 1 500 米以下的池塘、沼泽和溪流中流速缓慢的宽阔水域。稚虫栖息在水中砂粒、泥水或水草间，少数稚虫生活在林地碎屑、积水的树洞中或爬出水面附着在岩石的水膜内。

◆ 稚虫食物主要是蜉蝣稚虫、蚊类幼虫或同类的其他个体，甚至蝌蚪及小鱼；成虫可捕食多种水稻害虫，包括飞虱、叶蝉、二化螟和稻纵卷叶螟等。

碧伟蜓东亚亚种
Anax parthenope julius
Brauer, 1865

分布：除新疆外，几乎见于我国各地。

□ 碧伟蜓（雄）

长度（毫米）

雄身体：73   雄腹＋肛附器：53   雄后翅：52

鉴别特征

　　头部下唇黄色；上唇黄色，前缘黑纹宽，基方具3个小黑点。脸和额绿黄色，额脊红褐色，额脊上方具淡蓝色横纹，上额后缘与头顶黑色，头顶中央色淡，后头黄色。前胸褐色，侧面黄色；合胸绿黄色，肩缝线和后侧缝线细纹黑褐色。腹部褐黑色，具蓝色斑纹：第1节绿色，基部具1黑色细纹，侧面有1褐色小斑点；第2节天蓝色，亚基部具深褐色环纹横过背面，腹横脊在亚背侧具黑色细纹；第3~10节背面褐黑色，侧面具蓝绿色纵斑纹，第10节斑纹呈新月形。肛附器褐色；上肛附器基部狭，中部内侧很宽，端部外角具1齿突；下肛附器很宽且短，小于上肛附器长的$\frac{1}{5}$，每个侧外角具10多个小齿突。翅透明，从翅端到三角室淡烟黑色；翅痣红褐色，长而狭，覆盖3翅室；前翅三角室长于后翅三角室；结前横脉和结后横脉指数为8~17/9~11。足黑色，股节红褐色。

习性

◆ 栖息于平原、丘陵上长有挺水植物的池塘、水渠、湖边附近。
◆ 稚虫捕食蚊类幼虫、蝌蚪、小鱼等水生动物，成虫捕食蝇、蚊、蛾、蜂及其他小型昆虫。

春蜓科
Family Gomphidae

　　本科昆虫最显著的特征是复眼较小，通常为绿色，在头顶分离较远。身体通常为黑色或褐色，具黄色或绿色的条纹和斑点；绝大多数种类翅透明；腹部较长。雄性的肛附器、阳茎和钩片的构造以及雌性头部、下生殖板的形态是重要的辨识特征。

　　本科蜻蜓主要栖息于流水环境中，包括河流和清澈的山区溪流；少数栖息于静水环境中，如池塘、湖泊和沼泽地。雄性具有显著的领域行为，停落在水面附近占据领地，等待配偶并驱逐入侵的雄性。有些种类，如环尾春蜓，具有悬停飞行的本领。雌性较难遇见，仅在产卵时才会靠近水面。

　　本科世界性分布，全球已知超过 100 属近 1 000 种。中国已经发现 37 属 200 余种。

并纹小叶春蜓（雄）

霸王叶春蜓
Ictinogomphus pertinax
Hagen, 1854

分布：海南和台湾等地。
本种是海南四季可见种。

□ 霸王叶春蜓（雄）

长度（毫米）

雄后翅：39~41

雄腹 + 肛附器：50~54

雌后翅：40

雌腹 + 肛附器：49

鉴别特征

体型大。雄虫和雌虫具 1 对较短的黄色背条纹，下端稍微收敛。领条纹黄色，中央间断，与背条纹垂直但不相连。胸部侧面具大块黄色斑。腹部背面具黄色斑，第 8 节下缘具大块的黑色突起。雄虫上肛附器黑色，直而尖。雌虫与雄虫体斑相似，但腹末的突起不如雄虫明显。

习性

◆ 栖息于池塘、湖泊、水库和流速缓慢的河流。雄虫在水体周边建立领地，在较有优势的位置（通常是植物的枝头或吊垂的树枝）守卫。它们停栖时采取戒备姿态，身体向前倾，经常进行短暂的捕食飞行或驱赶其他大型蜻蜓（不仅仅是本种的雄虫）。在水边经常可以看到大量的雄虫。雌虫很少到繁殖地，出现时会迅速被雄虫拦截。

◆ 可捕食多种水稻害虫，包括飞虱、叶蝉、二化螟和稻纵卷叶螟等。

并纹小叶春蜓
Gomphidia kruegeri Martin, 1904

分布：贵州、云南、福建、广西、广东、海南等地。

长度（毫米）

雄后翅：42~46

雄腹 + 肛附器：56~61

鉴别特征

大型春蜓。雄虫具有 1 对较短的黄色背条纹，下端尖，领条纹黄色而宽阔，中央间断。肩前上点短小，黄色。胸部侧面具 1 对宽阔的黄色条纹，两条纹之间具 1 黄色斑点。雄虫上肛附器长而窄，下肛附器十分简化。雌虫体斑与雄虫相似，但腹部的黄斑更加宽阔。

习性

◆ 栖息于海拔 1 000 米以下地区的河流、溪流和沟渠。雄虫护卫领地，栖于位置较低的枝头和吊垂的植物上；雌虫则慢速飞行寻找产卵地点，腹部弯曲呈弓形。

◆ 可捕食多种水稻害虫，包括飞虱、叶蝉、二化螟和稻纵卷叶螟等。

大伪蜻科
Family Macromiidae

    本科种类身体中等大小至大型，常具金属蓝色或绿色。从背面观头部，两眼互相接触一段较长的距离；眼的后缘中央常有1个小型波状突起。臀圈明显，四边形或六边形，或稍为长形。足常较长。

□ 闪蓝丽大伪蜻（雄）

闪蓝丽大伪蜻
Epophthalmia elegans
(Brauer,1865)

分布: 海南、云南、河南、北京、吉林、河北、浙江、山西、山东、湖北、湖南、江苏、四川、贵州、广西、江西、福建、广东、香港、台湾。

□ 闪蓝丽大伪蜻（雄）

长度（毫米）

雄腹：52~55

雄后翅：47~50

雌腹：55~59

雌后翅：48~49

鉴别特征

雄虫下唇中叶黄色，侧叶黑色，基部具1个大黄斑。上唇前半部黑色，基半部黄白色。前唇基黑色，后唇基黄白色。前额、上额和头顶具深蓝色金属光泽。头顶、后头黑色。合胸黑色，具蓝绿色金属光泽。肩前条纹宽大。腹部黑色，条纹黄色。上肛附器背面黄褐色，端部黑色，侧缘具1个钝角突起；下肛附器黄褐色，周缘黑色，稍长于上肛附器。翅透明，翅端淡褐色。足黑色，长而粗壮。雌虫翅中部褐黄色，腹部第10节背面无突起；肛附器短，锥状，无产卵器。

习性

◆ 一般在白昼活动于稚虫生活的环境附近，常在河塘、溪流处飞翔。

◆ 稚虫的食物主要是蜉蝣稚虫、蚊类幼虫或同类的其他个体，甚至蝌蚪及小鱼；成虫可捕食多种水稻害虫，包括飞虱、叶蝉、二化螟和稻纵卷叶螟等。

蜻科
Family Libellulidae

本种昆虫体型中等大小。本科的侏红小蜻是差翅亚目中身体最小者，后翅长 25~40 mm。

本科种类翅前缘室与亚缘室的横脉常连成直线；翅痣无支持脉；前后翅三角室所朝方向不同，前翅三角室与翅的长轴垂直，距离弓脉甚远；后翅三角室与翅的长轴同向，通常它的基边与弓脉连成直线。臀圈足形，趾突出，具中肋。一般无金属色，雄性常被粉。雄性后翅基部圆，第 2 腹节上无耳形突。

本科昆虫栖息地复杂多样，山区、平原的溪流、湖泊、沼泽，甚至海边都有它们的身影。通常以雌雄连接的方式点水产卵，稚虫生活的环境多为水域，对水质要求较低。

稚虫多在静水下爬行觅食，具有匙形下唇，其上有侧刚毛和颏刚毛，这是取食的利器。

本科是一个大科，中国的蜻科种类约 33 属 117 种，多数种类十分常见。

红蜻（雄）

纹蓝小蜻
Diplacodes trivialis （Rambur, 1842）

分布：福建、江西、云南、台湾和海南等地。

□ 纹蓝小蜻（雌）

□ 纹蓝小蜻（雄）

长度（毫米）

　　雄后翅：22~24

　　雄腹 + 肛附器：19~22

　　雌后翅：22~24

　　雌腹 + 肛附器：18~24

鉴别特征

　　体蓝色具黑斑，前胸黑色，背板中央有 2 个相连的黄色斑；合胸色彩因老幼不同有变化，老熟个体全黑色，幼小个体黄褐色，有褐色和黑色条纹。腹部的基部三节较膨大，黄色，具黑色环状纹，第 4 节之后的各节大部分黑色，有的节侧面具有不明显黄色斑。雌雄体形、色彩、斑纹接近。

习性

　　◆ 栖息于沼泽、池塘等静水环境或水稻田中。它们大量集中在杂草丛生的池塘和湿地周围，通常在地面附近停栖。而且它们是飞行能力较弱的种类，很少在远离其繁殖地点出现。

　　◆ 可捕食多种水稻害虫，包括飞虱、叶蝉、二化螟和稻纵卷叶螟等。

锥腹蜻
Acisoma panorpoides (Rambur, 1842)

分布：江苏、浙江、福建、广西、云南、海南和台湾等地。

□ 锥腹蜻（雌）

□ 锥腹蜻（雄）

长度（毫米）

雄后翅：16~21

雄腹＋肛附器：15~18

雌后翅：17~22

雌腹＋肛附器：15~18

鉴别特征

小型种。雄虫复眼天蓝色，面部浅蓝色。胸部和腹部布满黑色和蓝灰色的斑点。第3~5腹节极为宽阔，而后几节明显向末端收窄。肛附器白色。雌虫复眼褐灰色，面部暗黄色。胸部背面和腹部布满黑色和淡褐色斑点。腹部形状与雄虫相似，但不如雄虫宽阔。未熟雄虫与雌虫略似。

习性

◆ 栖息于湿地、池塘和水稻田，大量集中在杂草丛生的池塘和湿地周围，通常在地面附近停栖。本种是飞行能力较弱的种类，很少在远离其繁殖地点出现。

◆ 可捕食多种水稻害虫，包括飞虱、叶蝉、二化螟和稻纵卷叶螟等。

黄翅蜻

Brachythemis contaminata (Fabricius, 1793)

分布：广东、福建、香港、江苏、浙江、云南、台湾和海南。

□黄翅蜻（雌）

□黄翅蜻未熟雄虫

长度（毫米）

雄后翅：20~25

雄腹 + 肛附器：18~21

雌后翅：22~27

雌腹 + 肛附器：18~21

鉴别特征

雄性脸为橄榄色，眼睛上面褐色，下面蓝灰色。胸部为橄榄棕色至红棕色，上面有 2 个红棕色的横向条纹。腹部为鲜艳的红色。翅膀透明，叶脉微红。前后翅都有明亮的橙色补丁。足深褐色。雌性脸为黄白色，眼睛上面浅棕色，下面蓝灰色。胸部浅黄绿色，背部中央有 1 条褐色窄条纹，还有 1 条深棕色的横向条纹。腹部浅青褐色，背部中央有 1 条黑色的条纹。翅膀透明，没有雄性的橙色斑点，后翅黄色。足与雄性足相似。

习性

◆ 栖息于池塘、湖泊、湿地和水稻田。

◆ 可捕食多种水稻害虫，包括飞虱、叶蝉、二化螟和稻纵卷叶螟等。

红蜻指名亚种
Crocothemis servilia servilla (Drury, 1773)

分布：北京、江苏、福建、江西、广东、海南和台湾等地。

□ 红蜻（雄）

□ 红蜻（雌）

长度（毫米）

    雄后翅：27~38

    雄腹＋肛附器：24~35

    雌后翅：31~37

    雌腹＋肛附器：25~32

鉴别特征

    体型中等。雄虫复眼红绿色，面部全为鲜红色，复眼内缘圆形。胸部和腹部（包括肛附器）均为鲜红色。第 2~9 腹节背中线很窄，黑色。翅基部浅琥珀色，几乎延伸至后翅三角室，翅痣黄色。雌虫黄褐色，腹部的黑色背中线略宽。未熟雄虫与雌虫相似。

习性

    ◆ 栖息于池塘、湖泊、湿地和水稻田。雄虫在挺水植物或岸边植物很低处停栖。雌虫和未熟雄虫在离水边更远的地方捕食。

    ◆ 可捕食多种水稻害虫，包括飞虱、叶蝉、二化螟和稻纵卷叶螟等。

竖眉赤蜻多纹亚种

Sympetrum eroticum ardens

(McLachlan, 1894)

分布：湖南、北京、浙江、四川、云南等。

☐ 竖眉赤蜻（雄）

长度（毫米）

雄腹：27

雄后翅：31

鉴别特征

　　雄虫未成熟时上下唇、上下唇基及额鲜黄色，额具2个大型黑色眉斑。头顶黑色，具黄斑。复眼黄褐色。成熟时上下唇变褐，复眼黑褐色。未成熟时翅胸鲜黄色，沿翅胸脊具明显的"人"形褐纹，侧板第1条纹完整，第2条纹中断，第3条纹中段细小。成熟时翅胸暗褐。翅透明，前后翅肩橙黄色，翅痣褐色。足黑褐色，基节、转节及腿节内侧黄褐色。腹部未成熟时鲜黄色，成熟时赤红色，上肛附器上翘。雌虫与未成熟的雄虫在体型和体色上相似。雌虫的生殖器先端形成环状。

习性

◆ 常见于山区林地，也栖息于海拔1 000米以下的湿地，如水田、流速较缓的溪流、河道、池塘、水岸等，还会在林下湿润处活动。

◆ 可捕食多种水稻害虫，包括飞虱、叶蝉、二化螟和稻纵卷叶螟等。

截斑脉蜻
Neurothemis tullia
(Drury, 1773)

分布：云南、广西、浙江、江西、福建、广东、香港、海南、台湾等地。在海南为常见种类。

□ 截斑脉蜻（雄）

长度（毫米）

雄后翅：19~23 雄腹＋肛附器：16~20

雌后翅：20~23 雌腹＋肛附器：16~19

鉴别特征

小型种。雄虫复眼红棕色。胸部和腹部黑色，背面具淡棕色斑。肛附器白色。翅上的黑色斑超过翅结处，并有 1 块白色斑在黑色斑以上而不超过翅痣的位置。翅的端部透明。雌虫淡黄色和黑色；翅有淡棕色斑至翅结处；翅结以下和翅端部茶褐色。

习性

◆ 栖息于杂草丛生的池塘、湿地、沟渠和稻田。雄虫多停栖在靠近地面或就在水面的草丛中，一般不会远离繁殖地点。

◆ 可捕食多种水稻害虫，包括飞虱、叶蝉、二化螟和稻纵卷叶螟等。

网脉蜻

Neurothemis fulvia (Drury, 1773)

分布：福建、广东、海南和台湾等地。

□ 网脉蜻（雌）

□ 网脉蜻未熟雄虫

长度（毫米）

腹：24　　　后翅：30

翅痣：4.5　　肛附器：1.5

鉴别特征

　　头部下唇淡黄褐色或黄色，上唇、前唇基、后唇及额赤褐色，头顶和后头褐色。胸部前胸褐色，后叶色暗，不分裂，无毛；合胸红褐色，侧面具不清晰条纹。腹部黄褐色，具黑色隆脊；肛附器黄色具细毛，上肛附器下面具黑色小齿。翅大部分红褐色或黄褐色，桥横脉6~10条，肘臀横脉通常为4条；翅痣赤黄色。足黄褐色，具黑刺。

习性

　　◆ 多生活在海拔2 000米以下的湿地和水稻田，栖息于池塘、沼泽、湖泊等静水环境。

　　◆ 可捕食多种水稻害虫，包括飞虱、叶蝉、二化螟和稻纵卷叶螟等。

赤斑曲钩脉蜻
Urothemis signata
(Rambur, 1842)

分布：福建、广东、海南和台湾等地。

□ 赤斑曲钩脉蜻（雄）

长度（毫米）

身体：40~50

鉴别特征

雄虫复眼上部红色，下部黑褐色；合胸红色，侧视不具斑纹；腹部红色，第 8~9 节背面有 2 枚小黑斑；翅膀透明，前翅的前缘脉红色，翅痣黄褐色，前后翅基具黑褐色斑纹。雌虫胸腹黄褐色，腹背中央具 1 条黑色的中线，后翅基脉褐斑区域较大。未熟雄虫近似雌虫，但腹背无黑色纵走的斑纹，容易区别。

习性

◆ 生活在低中海拔山区，栖息于池塘、沼泽等水域。

◆ 可捕食多种水稻害虫，包括飞虱、叶蝉、二化螟和稻纵卷叶螟等。

蓝额疏脉蜻
Brachydiplax chalybea flavovittata Ris, 1911

分布: 广东、海南和台湾等地。

□ 蓝额疏脉蜻（雄）

长度（毫米）

雄后翅：27~31	雄腹＋肛附器：23~57
雌后翅：29~30	雌腹＋肛附器：21~22

鉴别特征

小型种。雄虫复眼棕绿色，额蓝黑色带金属光泽，面部乳白色。胸部黑色，背面被蓝白色粉霜覆盖，侧面有黄色宽条纹。腹部黑色，前6节被蓝白色的粉霜覆盖。肛附器黑色。雌虫胸部无粉霜，具黄色背条纹。腹部黑色，第4~7腹节具1对甚大的方形黄色斑点。

习性

◆ 栖息于挺水植物丰富的池塘和湿地，尤其是周边有树林的吊垂枝条或高大灌木丛的环境。雌虫会在周边的植物丛中停栖和捕食。雄雌虫都不会远离繁殖地点。

◆ 可捕食多种水稻害虫，包括飞虱、叶蝉、二化螟和稻纵卷叶螟等。

华丽灰蜻（雄）

华丽灰蜻
Orthetrum chrysis (Selys, 1891)

分布：广东、海南和台湾等地。
在海南为四季常见种。

长度（毫米）

雄后翅：31~38

雄腹 + 肛附器：28~33

雌后翅：31~36

雌腹 + 肛附器：25~30

鉴别特征

中型种。雄虫复眼灰绿色，面部全为鲜红色。胸部暗红棕色。腹部（包括肛附器）鲜红色，无黑色的背中线。翅基部茶褐色，几乎延伸至后翅三角室。翅痣黑褐色。雌虫暗红褐色。

习性

◆ 栖息于池塘、湿地、沟渠、稻田和流速较慢的低地溪流，有领地行为。雌虫以重复点水的方式将卵产于浅水处的泥沙中，而雄虫在旁边盘旋做非接触护卫飞行。

◆ 可捕食多种水稻害虫，包括飞虱、叶蝉、二化螟和稻纵卷叶螟等。

□ 赤褐灰蜻（雄）

□ 赤褐灰蜻（雌）

赤褐灰蜻中印亚种
Orthetrum pruinosum neglectum (Rambur, 1842)

分布：福建、江西、广西、重庆、贵州、云南、海南和台湾等地。本种为海南四季常见种。

长度（毫米）

雄后翅：32~36

雄腹 + 肛附器：28~31

雌后翅：34~37

雌腹 + 肛附器：29~30

鉴别特征

中型种。雄虫复眼海绿色，面部发黑。胸部褐色，随着成熟度的增进而覆盖蓝灰色粉霜。腹部（包括肛附器）桃红色，背中线无黑色条纹。翅基部茶褐色斑延伸至后翅三角室，翅痣黑褐色。雌虫暗黄褐色。

习性

◆ 栖息于杂草丛生的池塘、湿地、沟渠、稻田和空旷田野流速缓慢的溪流。雄虫垂直栖息于枝干、藤蔓以及在水面或附近的植物上，不会远离繁殖地点。

◆ 可捕食多种水稻害虫，包括飞虱、叶蝉、二化螟和稻纵卷叶螟等。

狭腹灰蜻（雄）

狭腹灰蜻
***Orthetrum Sabina* (Drury, 1773)**

分布：浙江、福建、云南、广东、广西、海南和台湾等地。

长度（毫米）

雄后翅：30~36

雄腹＋肛附器：30~36

雌后翅：31~35

雌腹＋肛附器：31~36

鉴别特征

中型种。雄虫复眼绿色，面部淡绿色。胸部暗绿色，具宽的黑色条纹。腹部基部（第1~3腹节）具相似条纹，并向背腹侧强烈扩张；腹部中部（第4~6腹节）很窄，黑色，具大白斑；腹部末端（第7~10腹节）黑色略膨胀。肛附器白色。雌虫与雄虫十分相似。

习性

◆ 栖息于池塘、湖泊、水库、湿地、沟渠和稻田。雄虫栖息于地面或在水面上的草丛中，会凶猛地护卫领地和对抗竞争的雄虫。它们经常捕食其他同样大小的蜻蜓。

◆ 可捕食多种水稻害虫，包括飞虱、叶蝉、二化螟和稻纵卷叶螟等。

白尾灰蜻
Orthetrum albistylum
Selys, 1848

分布：北京、河北、江苏、浙江、福建、广东、四川、云南等地。

□ 白尾灰蜻（雄）

长度（毫米）

腹：33

后翅：39

鉴别特征

　　雄虫灰白色，覆白色粉被。额黄色，头顶黑色。胸部背面具 2 条黑色条纹，胸侧各具 3 条黑色斜纹。腹背两侧具黑色纵纹，末端 4 节黑色，上肛附器白色。翅脉和翅痣黑色，翅端带小的烟色斑。足黑色。雌虫黄色，腹背具黑褐色不连续黑褐斑，第 7~9 节几乎全为黑色，第 10 节白色。

习性

◆ 喜欢栖息于池塘、水库等静态水域或流速缓慢的溪流。

◆ 可捕食多种水稻害虫，包括飞虱、叶蝉、二化螟和稻纵卷叶螟等。

□ 鼎异色灰蜻（雌）　　□ 鼎异色灰蜻（雄）

鼎异色灰蜻
Orthetrum triangulare (Selys, 1878)

分布：江苏、河北、浙江、福建、广西、四川、云南、广东、香港、台湾、北京等地。

长度（毫米）
　　身体：48~54

鉴别特征
　　雄虫复眼黑褐色；合胸黑色，侧视无斑纹；翅膀透明，翅痣黑色，后翅基黑色；腹部第 3~7 节灰白色，第 8~10 节黑色。雌虫复眼蓝绿色；合胸侧视有 2 条黑色斜带；后翅基褐色；腹部侧视第 1~8 节有黑褐色纵纹。未熟雄虫近似雌虫，合胸侧视具黄色条纹，但肛附器较长。老熟雌虫腹部颜色变黑，斑型变异很大。

习性
◆ 栖息于池塘、水田、山沟、沼泽、小溪等水域。
◆ 可捕食多种水稻害虫，包括飞虱、叶蝉、二化螟和稻纵卷叶螟等。

黄蜻
Pantala flavescens
(Fabricius, 1798)

分布：河北、浙江、江西、广西、云南、吉林、辽宁、北京、河南、山东、山西、陕西、甘肃、江苏、福建、安徽、广东、海南，乃至全国各地。

□ 黄蜻（雄）

长度（毫米）

雄后翅：38~40

雄腹＋肛附器：29~35

雌后翅：36~41

雌腹＋肛附器：30~33

鉴别特征

体型中等。雄虫复眼红灰色，面部淡黄色。头部明显大。胸部淡褐色。腹部色彩多样，从橙黄色到黄棕色，沿背中线具不规则的黑色条纹（第8~10节最宽）。肛附器红棕色，末端黑化。翅透明，较长，锥形；后翅基部宽阔，近端部具1不明显褐斑，老熟个体明显。雌虫与雄虫相似，但腹部背面淡褐色，无橙色。

习性

◆ 广布且具迁飞习性。它们是全世界分布最广泛的蜻蜓，几乎可在热带地区的任何环境遇到。它们可以在永久或暂时性的静水环境繁殖，如湖泊、池塘、水潭和雨水坑。稚虫可以在几周或更短时间完成发育。

◆ 可捕食多种水稻害虫，包括飞虱、叶蝉、二化螟、稻纵卷叶螟和红火蚁的婚飞成虫等。

湿地狭翅蜻
Potamarcha congener
(Rambur, 1842)

分布：广东、海南和台湾等地。

□ 湿地狭翅蜻（雄）

长度（毫米）

　　雄后翅：33~35

　　雄腹 + 肛附器：29~32

　　雌后翅：33~37

　　雌腹 + 肛附器：29~31

鉴别特征

　　体型中等。雄虫复眼灰褐色，面部苍白。胸部和腹基部（第 1~3 腹节）具有灰蓝色粉霜。腹中部（第 4~8 节）黄色，在背中线两侧具明显的黑色条纹，第 9 和第 10 腹节及肛附器黑色。翅透明。雌虫胸部为棕色和黄色，胸部和腹部随成熟度增进而略微覆盖粉霜。

习性

　　◆ 栖息于杂草丛生的池塘、湿地、沟渠和稻田。它们通常栖息在离地面相当高处，而且离繁殖地有一段距离。在海南，经常发现它们大量沿电线栖息，距地面约 5 米。

　　◆ 可捕食多种水稻害虫，包括飞虱、叶蝉、二化螟和稻纵卷叶螟等。

斑丽翅蜻多斑亚种

Rhyothemis variegata arria

(Drury, 1773)

分布：江苏、福建、江西、广东、广西、海南、云南、台湾等地。

☐ 斑丽翅蜻（雌）

长度（毫米）

雄后翅：36~38

雄腹＋肛附器：26~27

雌后翅：33~37

雌腹＋肛附器：22~24

鉴别特征

体型中等。雄虫复眼棕褐色，面部黑色。胸部暗墨绿色。腹部和肛附器亮黑色。翅上具棕黑和黄褐相间的大斑点；翅端部黑色；后翅基部极宽，几乎扩展到第6腹节。雌虫翅的棕黑色区域更宽，后翅端部透明，前翅翅结以上部分透明。

习性

◆ 栖息于池塘、湖泊、水库、湿地和沟渠。雄虫以水平姿态栖息于地面或水面上0.5~1.5米高的树上，翅通常呈一定角度来避免曝晒。雌雄虫经常在有利繁殖的地点群聚，飞行时翅不断拍动。

◆ 可捕食多种水稻害虫，包括飞虱、叶蝉、二化螟和稻纵卷叶螟等。

云斑蜻
Tholymis tillarga
(Fabricius, 1798)

分布：湖南、广东、海南和台湾等地。

云斑蜻（雄）

长度（毫米）

雄后翅：33~37

雄腹＋肛附器：28~33

雌后翅：31~37

雌腹＋肛附器：27~31

鉴别特征

中型种。雄虫复眼红绿色，面部红色。胸部桃红色，不显著。腹部红色，背面具有不规则的黄色斑，基部几节明显。肛附器红色，端部加深。后翅翅结前有1黑褐色大斑，其后有1大小相似的白斑，飞行时十分明显，尤其是光线较暗时。雌虫胸部和腹部蜜棕色，翅上无白斑。

习性

◆ 栖息于空旷的田野、池塘、水坑和沟渠。雄虫主要在黄昏时活跃，在水面来回迅速飞行捕食和寻找雌虫。翅上的白色斑点十分明显，使其在黄昏后也容易辨认。

◆ 可捕食多种水稻害虫，包括飞虱、叶蝉、二化螟和稻纵卷叶螟等。

华斜痣蜻
Tramea virginia
(Rambur, 1842)

分布：广东、海南和台湾等地。
本种在海南为常见种类。

□ 华斜痣蜻（雄）

长度（毫米）

雄后翅：43~49

雄腹＋肛附器：34~37.5

雌后翅：49

雌腹＋肛附器：35

鉴别特征

大型种。雄虫复眼红褐色，面部暗红褐色。头部大。胸部淡褐色。腹部前 8 节棕红色；腹部末端黑色。后翅在基部宽阔，具有大块黑褐色斑，翅脉红色，超过基部的 $\frac{1}{4}$。雌虫较黄，腹部末端非全部黑色，前翅基部具有大块的棕黑色斑。

习性

◆ 栖息于池塘、湖泊、水库和沟渠。雄虫以水平姿态或腹末翘起停栖在草端，或长时间在水面飞行捕食昆虫并等待雌虫。雌虫通常与雄虫串联产卵。

◆ 可捕食多种水稻害虫，包括飞虱、叶蝉、二化螟和稻纵卷叶螟等。

玉带蜻
Pseudothemis zonata
(Burmeister, 1839)

分布：河北、山东、江苏、四川、湖南、浙江、广东、云南、贵州、台湾、辽宁。

□ 玉带蜻（雄）

长度（毫米）

雄后翅：38~42

雄腹＋肛附器：28~33

雌后翅：38~42

雌腹＋肛附器：28~33

鉴别特征

中型种。雄虫复眼棕绿色，面部亮白色。胸部亮黑色，侧面具有2条倾斜的浅黄色窄条纹。腹基部（第1~2腹节）和末端一半（第5~10腹节）亮黑色，基部向下（第4腹节）具有极明显的亮白色的宽条纹。后翅基部染有褐色斑，延伸至三角室。雌虫黑褐色，胸部具宽的黄色条纹，第3和第4腹节黄色。未熟雄虫与雌虫相似。

习性

◆ 栖息于池塘、湿地和溪流中流速缓慢的区域。雄虫会为领地而展开激战。

◆ 可捕食多种水稻害虫，包括飞虱、叶蝉、二化螟和稻纵卷叶螟等。

晓褐蜻

Trithemis aurora (Burmeister, 1839)

分布：云南、广西、广东、海南和台湾等地。

□ 晓褐蜻（雌）

□ 晓褐蜻（雄）

长度（毫米）

腹：23~26

鉴别特征

体中、小型。雄虫头部红褐色，侧面为棕色。胸部为紫红色，颜色较暗，具黑色条斑。腹部膨大，深红色基调上带紫色；腹部末端褐色，腹眼红色。翅为红色，透明，布满深红色脉络，分布着琥珀色补丁；翅膀基部橙色，翅基具暗橙色斑。足为黑色。雌虫身体为橄榄色或明亮的红褐色，眼睛上部紫褐色，下部灰色。胸部分布着黑色横向条纹。腹部分布着横向的黑色斑纹。翅膀橙黄色，透明，上面有褐色点；翅脉密，是明亮的黄色或棕色，最后1条结前横脉上下不连接；前翅三角室具横脉，三角室外方有翅室3行；翅痣深褐色，下具2条横脉；臀套较长，跟部稍宽，中肋很弯。足深灰色，带有细的黄条纹。未熟雄虫体色与雌虫相似。

习性

◆ 生活在海拔2 000米以下地区的池塘、水库、山沟、沟壑、沼泽或缓流小溪等环境中。

◆ 可捕食多种水稻害虫，包括飞虱、叶蝉、二化螟和稻纵卷叶螟等。

庆褐蜻
Trithemis festiva
(Rambur, 1842)

分布：广东、海南和台湾等地。

庆褐蜻（雄）

长度（毫米）

身体：35~41

鉴别特征

雄虫复眼黑褐色；胸部蓝灰或蓝紫色，具白粉；腹部黑色，腹侧第4~7节间具黄色斑，有些个体较少或消失；翅膀透明，后翅基部具少许的黄褐色斑，翅痣黑褐色。雌虫胸部黄褐色，合胸侧视具3条黑色的斜斑；腹部黄色，背上具黑色的中线，侧视有2条一粗一细的纵向黑线。

习性

◆ 生活在平地和低海拔山区，常见于池塘、溪流、沼泽等静水或流水附近，习惯于光亮的地面停栖，休息时会飞到空旷独立的树枝上。雌虫以点水方式产卵。

◆ 可捕食多种水稻害虫，包括飞虱、叶蝉、二化螟和稻纵卷叶螟等。

附：稻田水生天敌昆虫

蜻蜓目稚虫
Odonata

蜻蜓目稚虫
Odonata

　　蜻蜓目稚虫又叫水虿，种类不同而各有不同的龄期，从 8~16 个龄期都有；整个稚虫期所需时间依照不同种类及季节而有所不同，从 1 个月到 3、4 年都有。蜻蜓目稚虫基本都是水栖昆虫，尚无发现陆栖性种类。蜻蜓目稚虫靠腹部内直肠鳃呼吸水中溶氧，从尾端缓慢吸水、排水来完成呼吸，平常除 6 只脚可供爬行，在紧急时刻则会将腹部所吸的水向后喷出，所产生的作用力会带动它们向前快速移动，以达避敌或捕食的作用。蜻蜓目稚虫为了避天敌以及捕食猎物，体色跟环境色都很接近，形成一种保护色。蜻蜓目稚虫以蜉蝣稚虫、石蝇稚虫、摇蚊等双翅目幼虫，以及蝌蚪、小型虾类、小鱼、水虿、体型较小的蜻蜓稚虫、仰泳蝽等为主食。蜻蜓目稚虫的天敌则是鸟类、大型杂食性鱼类、水蝎子（红娘华）、负子蝽、龙虱等。

　　蜻蜓目稚虫种类一般以末龄和蜕进行鉴定。

杯斑小螅稚虫
Agriocnemis femina
Lieftinck, 1962

□ 杯斑小螅稚虫

　◆ 体小型，黄白色或褐色。眼后无黑纹。翅芽长至第 3 腹节，腹节间有淡色横纹。腿节及胫节有淡色斑纹，腹面背面没有明显的淡色纵纹。鳃片 3 片，近基部褐色。

　◆ 可捕食红虫（摇蚊幼虫）、孑孓和水蝇等。

□ 黄尾小蟌稚虫

黄尾小蟌稚虫
Agriocnemis pygmaea (Rambur, 1842)

◆ 体小型，黄白色具黑褐色斑纹。触角7节。眼后有不相连的"＞""＜"型黑纹，翅芽长至第3腹节，腿节及胫节有淡褐色斑纹，腹面背面有不明显的淡色纵纹。尾鳃基部气管分支少，端部气管分支密集；中尾鳃背缘及腹缘基部 $\frac{1}{3}$ 具刺状刚毛，背缘刚毛粗壮；侧尾鳃背缘及下缘基部 $\frac{1}{3}$ 具刺状刚毛，腹缘刚毛粗壮。雄性前生殖器短小、宽阔，密布刚毛。雌性前产卵管延伸超过第10腹节后缘；侧片宽阔，密布刚毛，端部渐尖；侧片、中片及腹片等长。

◆ 可捕食红虫（摇蚊幼虫）、孑孓和水蝇等。

翠胸黄蟌稚虫
Ceriagrion auranticum ryukyuanum Asahia, 1967

◆ 体小型，粗短，黄棕色。体长13.8~14.2 mm，头部近梯形，扁平，两侧后缘具深色刺状毛；复眼扇形，单眼3个；触角7节，丝状。胸部窄于头；前胸背板纺锤形，侧缘深褐色；合胸背板密布浅色圆形斑；翅芽平行，前翅芽伸达第4腹节前缘，后翅芽伸达第4腹节中央；各足腿节近端部 $\frac{1}{5}$ 处具1褐色环状斑纹，腿节、胫节具刺状刚毛，毛孔颜色为浅褐色，跗节式3-3-3。腹部细长圆柱形，近尾部变窄；各腹节散生短刺状刚毛，第1~9腹节背中线具1对三角形黑斑，第10腹节近侧缘基部具1对长条形黑斑，各腹节向外侧后缘具1对圆形小黑斑，侧缘具1较大条状黑斑；腹部微气管分支简单，多为第1分支，偶见第2分支。尾鳃薄片状，透明。

◆ 可捕食红虫（摇蚊幼虫）、孑孓和水蝇等。

□ 翠胸黄蟌稚虫

褐斑异痣螅稚虫
Ischnura senegalensis (Rambur, 1842)

褐斑异痣螅稚虫

◆ 体小型，黄褐色，具褐色斑纹。体长 11.5~12.2 mm，头部近五边形。复眼小，稍向侧缘突出。后头宽大。胸部翅芽伸达第 4 腹节后缘。腹部各腹节背板中央具 1 对褐色窄条纹；第 1~8 腹节具侧棱，第 8 腹节侧棱不明显。尾鳃叶片状，末端尖锐。足黄白色，各腿节近端部 $\frac{1}{4}$ 处具 1 环状茶褐色斑纹。

◆ 可捕食红虫（摇蚊幼虫）、孑孓和水蝇等。

斑伟蜓稚虫
Anax guttatus (Burmeister, 1839)

◆ 体大型，浅绿色或浅棕色，腹部具条状斑纹。下唇前颏前缘中裂长度约为动钩长度的 $\frac{1}{6}$；下唇端钩尖锐，动钩背缘中央具 1 列刺状短刚毛。合胸无明显斑纹。各腹节中央具 1 条形棕色斑纹相连；第 7~9 腹节具侧刺。肛锥上尾毛约为肛上板长度的 $\frac{1}{2}$；肛上板端部向内呈圆弧形凹陷。雌性前产卵管紧贴腹部，侧片基部宽阔；侧片、腹片及内片端部相接，产卵管长度约为第 9 腹节长度的 $\frac{2}{3}$。足跗节式 3-3-3。

斑伟蜓稚虫

◆ 可捕食红虫（摇蚊幼虫）、孑孓和水蝇等。

霸王叶春蜓稚虫
Ictinogomphus pertinax Hagen, 1854

◆ 体大型，黄棕色具深褐色斑块，腹部隆起。体长 37.8~38.1 mm，头部三角形。前胸背板近梯形，前缘具长条状突起，中央凹陷，后缘向外突出；合胸黄褐色，中央具 1 长椭圆形隆起，其上具 1 对褐色长条形斑纹；中胸后侧片和后胸后侧片浅色。翅芽灰褐色，内缘密布黑色瘤点和近圆形不规则斑纹，伸达第 4 腹节后缘。腹部长椭圆形，黄褐色，背面隆起，各腹节后缘中央具黑色瘤点，侧缘具微型短刺状刚毛；第 3~9 腹节具侧刺，侧刺尖端深褐色，第 7 腹节侧刺发达，第 3~6 节侧刺微小；第 2~8 腹节具背钩，背钩尖端深褐色，第 2~5 节背钩钩状，第 6~8 节背钩鱼鳍状，逐渐向腹部端部弯曲；第 6~10 腹节背中线两侧具 1 深褐色斑块，第 7~9 腹节背面基部近侧缘具 1 近三角形深色斑块，近侧缘基部具 1 小型浅色斑块，端部具 1 大型近圆形浅色斑块，腹面侧缘具 1 三角形深褐色斑块，第 9 腹节腹面中央具 1 大型三角形深褐色斑块及 1 对椭圆形深褐色斑块。足黄色，具发状浅色短刚毛，除基节外，其他各节皮下具黑色刀片状刺，排列规则，第 2 转节腹面具 1 列皮刺和 1 块状区域皮刺；腿节侧面具稀疏微型皮刺，腹面具 2 列皮刺；胫节背面具 2 列微型皮刺，腹面具 2 列皮刺；跗节腹面具 2 列皮刺，跗节式 2-2-2。

◆ 可捕食红虫（摇蚊幼虫）、孑孓和水蝇等。

霸王叶春蜓稚虫

闪蓝丽大伪蜻稚虫
Epophthalmia elegans (Brauer, 1865)

◆ 体大型，黄褐色，扁平，虫体散布深褐色小斑。体长 35~40 mm，头宽 8 mm。头短宽，复眼突出；后头角显著突出；下唇中片无刚毛，前缘具 1 对圆形突起；下唇侧片特化，前缘具 6 个巨大的齿；活动钩小，无侧刚毛。腹部椭圆形，第 6 节最宽；腹部第 3~9 节的背棘发达；第 8、9 节具侧棘。

□ 闪蓝丽大伪蜻稚虫

◆ 可捕食红虫（摇蚊幼虫）、孑孓和水蝇等。

红蜻指名亚种稚虫
Crocothemis servilia servilia (Drury, 1770)

◆ 体小型，黄褐色具浅黄色斑纹。体长 18.3~18.5 mm，头部呈倒梯形，黄色至黄褐色。前胸远窄于头部，浅黄色，背板中央具 1 对条形深褐色斑块；合胸黄褐色，侧缘颜色加深。翅芽黄棕色，伸达第 7 腹节前缘。腹部椭圆形，棕褐色，具浅黄色及黑色斑纹，密布黑色瘤点；

□ 红蜻稚虫

第 1~9 腹节背中央黄褐色，侧缘基部具 1 三角形黑斑及 1 短条形浅黄色斑纹。足具黑色发状长刚毛，腿节近两端具 1 环状窄条形棕色斑纹，胫节无明显斑纹，跗节式 3-3-3。

◆ 可捕食红虫（摇蚊幼虫）、孑孓和水蝇等。

白尾灰蜻稚虫
Orthetrum albistylum Selys, 1848

◆ 体小型，黄棕色具深褐色斑纹，密布刚毛。体长 20.9~22.5 mm，头部方形。前胸背板近三角形，背缘密布黑色短刚毛，侧缘密布浅色发状长刚毛；前胸背板前缘中央具 1 圆形凹陷，背板中部具 1 对条形光滑无刚毛区域，后缘形成 1 钝角；合胸背板背面灰色，侧面隆起部分灰色，凹陷部分浅黄色。翅芽深褐色，伸达第 7 腹节前缘。腹部近椭圆形，棕色具褐色斑纹。腹部第 1~9 腹节背中线具 2 列排列紧密的三角形黑色颗粒，近端部 $\frac{1}{4}$ 腹节宽度处具 1 列排列紧密三角形黑色颗粒；背中线两侧各具 1 列黑色方形斑；各腹节中央具 1 条形深灰色斑纹，侧缘具 1 黄褐色条纹，向侧缘具 1 条形深褐色斑纹。足背缘密布浅色发状长刚毛，腹缘密布刺状短刚毛，腿节端部具 1 环状条形褐色斑纹，基部背面具 1 条形褐色斑纹，跗节式 3-3-3。

◆ 可捕食红虫（摇蚊幼虫）、孑孓和水蝇等。

☐ 白尾灰蜻稚虫

鼎异色灰蜻稚虫
Orthetrum triangulare (Selys, 1878)

◆ 体小型，浅黄色至浅褐色。头部方形。前胸背板近卵圆形，侧缘隆起且密布浅色发状长刚毛；前胸背板前缘具 2 对窄条状深褐色斑纹，背板中部具 1 对长卵圆形棕色斑块；合胸背板背面黄褐色，侧面隆起部分黑褐色，凹陷部分浅黄色。翅芽黄褐色，伸达第 7 腹节前缘，基部具 1 长条形黑斑及 1 短条形黑斑。腹部第 3~10 腹节中央近基部具 1 三角形棕色斑块，侧缘第 1~10 腹节具 1 三角形棕色斑块，自基部向端部颜色逐渐加深；各腹节近端部 $\frac{1}{4}$ 的腹节宽度部分颜色加深，内缘具 1 对长椭圆形黄色区域；第 1~9 腹节中部后缘具短窄条状黑斑，第 10 腹节中央具 1 对圆形黑斑；第 4~8 腹节具背钩，尖锐，自基部向端部颜色逐渐加深且逐渐指向后方；第 8~9 腹节具侧刺，黑色，末端稍向内弯曲。足背缘密布浅色发状长刚毛，腹缘密布刺状短刚毛；基节、转节及跗节浅黄色，腿节及胫节棕色。

◆ 可捕食红虫（摇蚊幼虫）、孑孓和水蝇等。

☐ 鼎异色灰蜻稚虫

黄蜻稚虫
Pantala flavescens (Fabricius, 1798)

◆ 体大型。头部近五边形，黄褐色至红褐色；后头中央具5块条状深褐色斑纹，侧缘黄色，密布黑色瘤点；复眼近三角形。前胸稍窄于头部，黄褐色，背板前缘具2对短条形深灰色斑块，中央具1对圆形黑色斑点；合胸背板中央黄色，侧缘颜色加深呈深褐色。翅芽棕色与黄色相间，侧内缘密布黑色颗粒，伸达第6腹节后缘。腹部椭圆形，黄褐色具灰褐色斑纹；第1~9腹节背中央黄褐色，侧缘浅黄色，具灰褐色环状斑纹；第4~8腹节背面中央具1对短条形黑斑，侧缘具1圆形黑斑；第9腹节中央具1对近椭圆形黑斑，与腹节基部相连；第10腹节中央浅黄色，侧缘深褐色；第2~4腹节具微小浅黄色背钩；第8节侧刺伸达超过第9腹节后缘，第9节侧刺伸达接近肛侧板末端。肛锥尾毛浅黄色；腹面浅黄色，无明显斑纹。足细长，腿节具2环状条形褐色斑纹，胫节具不明显褐色条纹，跗节褐色。

◆ 可捕食红虫（摇蚊幼虫）、孑孓和水蝇等。

黄蜻稚虫

半翅目
Hemiptera

仰蝽科 Family Notonectidae

本科昆虫体长 5~15 mm；身体狭长，向后逐渐狭尖，呈优美的流线型，灰白色。终生以背面向下、腹面向上的姿势在水中生活。整个身体背面纵向隆起，呈船底状。腹部腹面下凹，有 1 纵中脊。后足很发达，压扁成桨状游泳足，休息时伸向前方。本科昆虫为捕食性昆虫。

本科昆虫分布于各地，世界已知 340 种，我国有 21 种。

普小仰蝽
Anisops ogasawarensis Matsumura, 1915

□ 普小仰蝽

◆ 小仰蝽属

◆ 分布：广东、海南和台湾等地。

◆ 体长 5.8~6.5 mm，形态瘦长，复眼大、黑色，头宽等于胸宽，黄褐色。腹面朝上，前、中足缩贴到腹面，后足展开呈划桨状。腹面黑色至黑褐色，中央及侧缘具纵向的细纹，边缘淡黄褐色，腹端尖窄。成虫有翅，翅膀透明，前胸背板及小盾板淡黄色，腹侧及后足侧缘密生纤毛擅于划行。

◆ 终生栖息于池塘等静水的水面，以携带气泡置于腹侧的气孔上进行呼吸，干水期会集体飞行迁移到另一个水池。

◆ 可捕食红虫（摇蚊幼虫）、孑孓和水蝇等。

水黾科 Family Gerridae

　　水黾科又叫黾蝽科。本种昆虫体型大小相差极大，有 1.7~36 mm 不等，以狭长的种类居多。绝大多数种类整个身体覆盖由微毛组成的拒水毛。无单眼，触角第 1 节常长。前足粗短变形，具攫握作用。中、后足极细长，并向侧方伸开，腿节与胫节约等长。它们跗节上的毛使得它们可以借助表面张力在水面上非常快地运动，而不会下沉。后面的一对足可以用来控制滑动的方向，中间的一对足则是驱动的足，特别长。

　　水黾科昆虫前面的一对足比较短，只被用来捕猎。它们的复眼非常发达，视力非常好。不同种的翅膀发展程度不同，甚至在同一种内不同个体的翅膀发展也会非常不同，从完全消失、发育不全一直可以到完全发育。控制这个翅膀发育的因素是幼虫阶段的光强度。只有翅膀完全发育的昆虫能够飞。

　　水黾科昆虫一般生活在静水中，往往成群出现聚集在水面上。有些种也专门生活在流水中。

暗条泽背黾蝽
Limnogonus fossarum (Fabricius, 1775)

□ 暗条泽背黾蝽

◆ 黾蝽属

◆ 分布：广东、海南和台湾等地。

◆ 体长 7~8 mm，体黑色略带光泽感，足黄褐色。头部两侧及头顶后缘各有 1 条黄色斑纹，复眼间略靠前有 2 条平行黄色纵线。前胸背板光亮，边缘有黄色边，前半部中央有 2 条平行黄色短斑，后半部中央有 1 条不明显黄色纵线。腹部背板两侧有对称连续黄斑，中央有 1 条连续黄斑。成虫有长翅型与短翅型。

◆ 可捕食落于水面的小飞虱和叶蝉等。

负子蝽科 Family Belostomatidae

本科昆虫体形大，扁阔。头尖，钝三角形，触角 4 节，前 3 节一侧具有叶状突起；缺单眼。体背面平坦，腹部稍突起，形如船底，膜片翅脉网状而数多。腹部末端的呼吸管扁而短，高等种类的呼吸管可缩入。前足为捕捉足，后足为游泳足。成虫臭腺发达。

本科昆虫为捕食性昆虫，对鱼苗危害大。世界已知种类有 143 种，广泛分布。它们多数生活在静水中，常附着在水草上静伺猎物，捕食凶猛；趋光性强。雌虫产卵于雄虫背上，后者常游到水面或用足划水使卵得到充足的氧气，以利孵化。

褐负子蝽
Diplonychus rusticus (Fabricius, 1781)

◆ 分布：广东、海南和台湾等地。

◆ 体长 15~18 mm，身体卵圆形，黄褐色，头前端成圆形突出，眼黑褐色，背面观略成三角形。触角 4 节，短小，从背面不易看见。喙粗壮，头部后缘中部向后凸出。前胸背板梯形，中部略隆起，前缘中部呈弧形凹入，侧缘斜直，后缘略直。小盾片黄褐色，三角形。前翅略短，不超出腹部末端，膜片小。呼吸管短。前足强壮。

◆ 可捕食红虫（摇蚊幼虫）、孑孓和水蝇等。

□ 褐负子蝽

□ 褐负子蝽

鞘翅目
Coleoptera

龙虱科 Family Dytiscidae

　　本科昆虫通称龙虱。成虫体呈流线型，背腹面隆拱。触角长，有 11 节，呈丝状；下颚须短。腹部有 6~8 节腹板。后足转化为游泳足，基节增大，接近于鞘翅侧缘。

　　本科昆虫发育全变态。成虫游泳敏捷，经常将腹末突出水面，由腹末的小孔排出气室里的二氧化碳并吸入氧，进行气体交换；雌虫用产卵管刺破水生植物皮层，产卵其中；成虫能飞，偶尔飞趋灯光。幼虫称水蜈蚣，圆柱形，头略圆，有十分锐利的上颚 1 对，每个上颚沿内缘有一条小管道；幼虫常倒悬水中，腹末伸出水面，由腹末气门进行呼吸；幼虫成熟后在水边湿土上筑蛹室化蛹。龙虱的成虫、幼虫均为肉食性昆虫，捕食多种水生小动物。

　　龙虱生活于湖泊、池塘、鱼塘以及有水草的小溪和水沟。它们分布极广，除南美洲外，世界各国均有分布。龙虱在中国记载约有 160 种，从东北至海南、江苏至西藏均有记录。

三刻真龙虱
Cybister tripunctaus (Olivier, 1795)

◆ 分布：云南、广西、广东、海南和台湾等地。

◆ 体小至大型，呈椭圆形，扁平而光滑，有光泽。触角丝状，11 节，着生于复眼边缘近上颌处。头阔，与前胸紧密嵌合。腹部可见 8 节腹板。后翅发达。后足特化为游泳足，基节发达，左右相接。雄虫前足为抱握足。

◆ 可捕食红虫（摇蚊幼虫）、孑孓和水蝇等。

□ 三刻真龙虱

黑绿真龙虱
Cybister sugillatus Erichson

□ 黑绿真龙虱

◆ 分布：广东、海南和台湾等地。

◆ 长椭圆形，前部略窄，背面略隆拱。前胸背板具红褐色边缘，唇基黑色。鞘翅侧缘无黄边。雄性后足跗节两侧具长毛，雌性后足跗节一侧具游泳毛，雌性后足具 2 个明显不等长的爪。

◆ 肉食性水生昆虫。可捕食红虫（摇蚊幼虫）、孑孓和水蝇等。

灰色龙虱
Eretes sticticus (Fabricius, 1781)

□ 灰色龙虱

◆ 分布：广东、海南和台湾等地。

◆ 体长 15 mm 左右。头顶中央的 1 个斑纹及头后部 2 条横纹黑色；前胸背板中部两侧的 1 条横纹黑色，其后方的斑纹灰褐色；鞘翅侧缘中央及翅端部的 1 条波状横纹均黑色；足黄褐色至褐色。

◆ 常在水中捕食红虫（摇蚊幼虫）、孑孓和水蝇等。

牙甲科 Family Hydrophilidae

　　牙甲科又称水龟虫科，世界已知有2 000余种。本科昆虫体小至大型，成虫体长1~45 mm，呈卵圆形，有黑色和褐色，有时呈微黄色。牙甲科昆虫外形似龙虱，背部隆起更显著，腹面较平。主要识别特征在于它们的触角。它们的触角短，有6~9节，第1节光滑，呈碟形，端部4节膨大呈锤状（球棒状），后面3节多毛；下颚须长，线状，与触角等长或更长；中胸腹板有1条长的中脊突。腹部一般有5个腹板，胸、腹两侧有短柔毛，在水中形成气膜，成虫吸取空气时，触角露出水面，空气沿触角柔毛所成的气道进入胸部气门。足3对，被长毛，跗节5节。

　　本科昆虫成虫和幼虫多数为腐食性，少数捕食水生动物。成虫、幼虫生活在淡水、沼泽、植物残体或兽粪中，食腐败的动、植物体。有的幼虫捕食小鱼、蝌蚪，有的危害稻苗、麦苗。

□ 红脊胸牙甲

红脊胸牙甲
Sternolophus rufipes
(Fabricius, 1792)

◆ 分布：广东、海南和台湾等地。

◆ 体长 30~45 mm，宽 16~20 mm。身体卵圆形，后部较狭，背面隆起。体色为黑色，有青色光泽或微呈橄榄色；触角、下颚须、下唇须为黄褐色。头部"Y"形纹明显，复眼内侧旁具刻陷，此刻陷内前方具大刻点列，复眼前方亦具 1 列大刻点，此 2 列刻点形成"八"字型。前胸背板前缘于复眼后弯陷，中部直；前、后角钝圆。鞘翅后端微平，端部内角成直角，且具 1 枚小刺；点纹明显，有 4 列，刻点疏；大刻点列之间具小刻点纹，后部成浅沟状。前胸腹板隆脊后部成槽状，以容纳中胸腹板突。腹板刺不到达第 2 腹节后缘。前足股节基部具毛，中、后足股节光滑。雄性前足第 5 跗节膨大成三角形，爪基部具大型齿突。

◆ 可捕食红虫（摇蚊幼虫）、孑孓和水蝇等。

尖突巨牙甲
Hydrophilus acuminatus Motschulsky, 1854

◆ 分布：广东、海南和台湾等地。

◆ 成虫多取食腐烂的植物，幼虫多为捕食者。水生性成虫通过足的交替运动游泳，通过鞘翅下的气泡或粘附在体腹面的气盾呼吸，具被毛的触角端锤和杯状节。

◆ 可捕食红虫（摇蚊幼虫）、孑孓和水蝇等。

□ 尖突巨牙甲

参考文献

1. 周霞，谭燕华，易小平，等.海南三亚和文昌稻田蜻蜓目成虫群落调查分析 [J].热带作物学报，2021，42（9）：2711–2716.
2. 郑基焕，张润杰.蜻蜓捕食婚飞红火蚁的初步观察 [J].中山大学学报（自然科学版），2007，48（2）：120–122.
3. 张清泉，王华生，覃保荣，等.生态稻田节肢动物群落结构及其多样性研究 [J].中国植保导刊，2014（4）：19–24.
4. 俞玲园，季政权，胡耀文，等.红蜻稚虫对浙江省不同类型水体污染的抗逆性适应表现 [J].环境昆虫学报，2021（4）：147–158.
5. 田玮，熊琪，吴婷婷，等.图们江中游稻田节肢动物群落特征及影响因素研究 [J].延边大学农学学报，2016（2）：99–104.
6. 王志明，金洪光，王选遥，等.中国东北蜻蜓 [M].北京：中国林业出版社，2020.
7. 李长春，林斯正，萧文凤.青纹细蟌（蜻蛉目：细蟌科）的形态与生活史研究 [J].台湾昆虫，2015（35）：185–193.
8. 韦庚武，张浩淼.蟌蟌之地：海南蜻蜓图鉴 [M].北京：中国林业出版社，2015.
9. 傅强，何佳春，吕钟贤，等.中国水稻害虫天敌的识别与利用 [M].杭州：浙江科学技术出版社，2021.
10. 金洪光.蜻蜓与豆娘 [M].重庆：重庆大学出版社，2022.
11. 张巍巍，李元胜.中国昆虫生态大图鉴 [M].重庆：重庆大学出版社，2011.
12. 安瑞军，石凯，李媛媛，等.通辽地区稻田生态系统捕食性天敌种类的调查研究 [J].农学学报，2012（1）：21–25.
13. 黄治河，蒲蛰龙.蚊幼虫的捕食性天敌——红脊胸牙甲生物学的初步观察 [J].昆虫学报，1984（2）：41–44.
14. 刘雨芳，古德祥，张古忍.稻田生态系统中捕食性天敌节肢动物种类调查分析 [J].环境昆虫学报，2002，24（4）：145–153.
15. 张古忍，张文庆，古德祥.稻田主要节肢类捕食性天敌群落的多样性 [J].中山大学学报论丛，1995（2）：27–32.
16. 刘雨芳，张古忍，古德祥.利用改装的吸虫器研究稻田节肢动物群落 [J].植物保护，1999，25（6）：39–40.
17. 江毅民，梁雪莹，伍浩颖，等.普小仰蝽捕食白纹伊蚊幼虫的初步观察 [J].中华卫生杀虫药械.2020（2）：111–113.
18. 王善青，杨霞，梁泽堂.毛胫粗仰蝽捕食蚊幼虫室内效果观察 [J].寄生虫与医学昆虫学报.1997（3）：64–65.
19. 梁泽堂，蔡贤铮.粗仰蝽——蚊幼虫的捕食性天敌 [J].海南医学，1996（1）：1–45.
20. Carle F L. Environmental monitoring potential of the Odonata, with a list of rare and endangered Anisoptera of Virginia, USA [J]. Odonatologica, 1979（8）：319–323.
21. Castella E. Larval Odonata distribution as a describer of fluvial ecosystems: The rhône and ain rivers, France[J]. Advances in Odonatology, 1987（3）：23–40.
22. Samways J, Sharratt J. Recovery of endemic dragonflies after removal of invasive alien trees[J]. Conservation Biology, 2010, 24（1）：267–277.
23. Samways J, Steytler S. Dragonfly (Odonata) distribution patterns in urban and forest landscapes, and recommendations for riparian management[J]. Biological Conservation, 1996, 78（3）：279–288.